U0196389

图书在版编目（CIP）数据

末日降临白垩纪 / 爬虫著 . -- 上海：少年儿童出版社，2024. 11. -- (多样的生命世界). -- ISBN 978-7-5589-1987-9

Ⅰ . Q915.864-49

中国国家版本馆 CIP 数据核字第 2024FX0817 号

多样的生命世界·萌动自然系列 ⑨

末日降临白垩纪

爬 虫 著
萌伢图文设计工作室 装帧设计
黄 静 封面设计

策划 王霞梅 谢瑛华

责任编辑 邱 平 美术编辑 施喆菁
责任校对 黄亚承 技术编辑 陈钦春

出版发行 上海少年儿童出版社有限公司
地址 上海市闵行区号景路 159 弄 B 座 5-6 层 邮编 201101
印刷 上海雅昌艺术印刷有限公司
开本 787×1092 1/16 印张 2.5 字数 10 千字
2025 年 1 月第 1 版 2025 年 1 月第 1 次印刷
ISBN 978-7-5589-1987-9/N・1310
定价 42.00 元

本书出版后 3 年内赠送数字资源服务

上海科普
Shanghai Science Popularization
上海市科委科普项目资助
（项目编号：23DZ2302700）

多样的生命世界 〇 萌动自然系列 ⑨

末日降临 白垩纪

〇 爬 虫／著

我是动动蛙，欢迎你来到"多样的生命世界"。现在，就跟我去古老的地球探险吧！

密码：dydsmsj#1bejcome

少年儿童出版社

"地狱"的模样

如有机会回到6500万年前的地球，你大概会以为，来的不是地球，而是"地狱"！

火山在猛烈地喷发，爆炸此起彼伏；海啸狂暴地冲击着海岸，大小生物在海浪中若隐若现。遮天蔽日的尘土飘扬在半空，好像永远不会散去；雨水带着浓浓的酸味，洒向东倒西歪的植物；一些动物在惊恐中探出头来，又垂头丧气地隐没在昏暗里。

整个世界一片狼藉：无数动物东倒西歪，最显眼的是恐龙，不仅有身长脖子长的巨型恐龙，也有它们的死对头霸王龙，还有性格温顺的鸭嘴龙……都无精打采，奄奄一息。

这就是白垩纪晚期的地球，这种地狱般的模式将持续数十万年之久。恐龙和它的难兄难弟们也将就此灭绝，退出统治地球上亿年的历史舞台。

火山爆发

　　此起彼伏的火山爆发，带来了大量的烟雾和尘埃。它们悬浮在空气中，严重影响了植物的生长，在根本上瓦解了食物链的运转，从而摧毁了生态系统。更严重的是，它们还会造成酸雨，加快了自然环境的恶化。

气温下降

　　原本温暖湿润的地球好景不再。由于地壳运动，大陆板块向极地附近慢慢移动，形成了大陆冰河。本来穿过火山灰照到地球表面的阳光就很微弱，现在，大部分又被冰面反射掉了。天气变得越来越冷。

百米海墙

　　向着海岸冲来的已不是翻卷的海浪，而是高达百米的"海墙"。海水所到之处，摧枯拉朽地毁灭了一切生命，连同它们的家园。大批物种就此灭绝，生态系统支离破碎。

看不见的射线比油锅还难熬啊！

地狱？连油锅都没有嘛！

地球有多老

人类文明已经有几千年的历史了，可是，人类生活的地球究竟有多老呢？即便是藏在地下的化石被不断发掘出来，人们也难以确定它们有多久远，更不要说追溯地球历史的源头了。

地质年代的产生

20 世纪初，地质学家开始利用放射性元素的衰变来确定矿物及其地质构造的年龄。如今，各种测定地球年龄和古生物的方法日趋成熟，误差也越来越小。目前估计的地球年龄约为 46 亿年，再由远及近，可把地球发展历史分为太古代、元古代、古生代、中生代和新生代，每个"代"分为若干个"纪"，每个"纪"分为若干个"世"……这样，就能把地球历史和曾经发生过的大事件联系起来。比如，通俗意义上的恐龙就生活在中生代，中生代的末尾是白垩纪，所以，对于恐龙家族来说，白垩纪就是它们的末日了。

三叶虫和古生代

古生代共有 6 个纪，从寒武纪开始，到二叠纪结束，跨度 3 亿年以上。古生代结束时，发生了一次迄今为止最大的生物灭绝事件，其中灭绝生物的代表就是大名鼎鼎的三叶虫。

石炭纪和煤炭资源

石炭纪是古生代的第 5 个纪，延续约 6500 万年。那时的地球，气候温暖、湿润，沼泽遍布，植物蓬勃发展，森林郁郁葱葱。在这一时期形成的地层中，人们发现了丰富的煤炭资源。于是，这一时期被命名为"石炭纪"。

地质年代表

代	纪	世	距今大约年代 （百万年）	主要生物演化
新生代	第四纪	全新世	现代 0.01	人类时代　现代植物
		更新世	2.4	
	第三纪	上新世	5.3	哺乳动物　被子植物
		中新世	23	
		渐新世	36.5	
		始新世	53	
		古新世	66	
中生代	白垩纪		135	爬行动物　裸子植物
	侏罗纪		205	
	三叠纪		250	
古生代	二叠纪		290	两栖动物　蕨类
	石炭纪		355	
	泥盆纪		410	鱼　蕨类
	志留纪		438	
	奥陶纪		510	无脊椎动物
	寒武纪		570	
元古代	震旦纪		800	古老的菌藻类
			2500	
太古代			4000	

亿年霸主

　　人类在地球上的存在时间，算足了也只有几百万年。而恐龙从三叠纪粉墨登场，到侏罗纪全面出击，再到白垩纪登峰造极，它们的高光岁月长达约 1.6 亿年，是名副其实的地球霸主。

　　三叠纪时期，小个子始盗龙率先亮相，身手敏捷的艾雷拉龙紧随其后，大个子板龙也不甘落后，恐龙的演化呈现着多样化进程。侏罗纪时期，长脖子腕龙、梁龙，全身武装的甲龙、剑龙，以及凶狠的异特龙等，各有特殊的本领，呈现着"侏罗纪公园"的旷世场面。白垩纪时期，恐龙发展到顶峰，大明星霸王龙和三角龙互为对手，低调的鸭嘴龙也成功上位……在这前后 1 亿多年中，恐龙牢牢占据着陆上霸主地位。

鱼龙

空中称雄

陆地有恐龙坐镇，空中和海上则有它的亲戚把控。从三叠纪后期开始，有翅膀、能飞行的翼龙就在空中称王称霸。翼龙其实是爬行动物，它们种类繁多，体形各异。最有名的是无齿翼龙和风神翼龙，前者没有牙齿，但有两个大眼睛，视野极好；后者则是空中出现过的最大动物，翼展达11米多，体重有130千克。

翼龙

海洋王者

沧龙

海洋中称霸的，是恐龙的另一远亲"海龙"——包括鱼龙、蛇颈龙、上龙和沧龙等。鱼龙利用尖长的头部和奇快的速度，攻击乌贼和大鱼。蛇颈龙依仗灵活的脖子和锋利的牙齿，或偷袭鱼群，或刺穿菊石的硬壳。上龙是短脖子的蛇颈龙，牙齿长达15厘米，咬合力竟是霸王龙的4倍。沧龙是白垩纪晚期海洋中的王者，有着庞大的身躯和尖利的牙齿，鲨鱼或蛇颈龙都避之唯恐不及。

全世界的王

我们常用"某某之王"来形容某种动物很厉害，比如狮子是草原之王，老虎是森林之王，但恐龙却是全世界的王。

自从 1822 年恐龙化石首次被发现后，在 200 多年的时间里，世界各地陆续出土了难以计数的恐龙化石，从欧洲、亚洲、美洲到非洲、大洋洲，甚至在冰天雪地的南北两极，都有恐龙留下的痕迹，包括骨骼、牙齿、粪便、脚印等。

中国是著名的"恐龙之乡"。1902 年，我国首批恐龙化石在黑龙江省嘉荫县的乌云地区被发现；1940 年代，许氏禄丰龙化石在云南被发现；1950 年，棘鼻青岛龙化石在山东莱阳被发现；1990 年代，带毛的恐龙——中华龙鸟化石在辽西热河被发现，为恐龙是鸟的祖先提供了实证。目前，中国发掘到的恐龙种类近 200 种，已跃居世界首位，成为名副其实的恐龙化石"宝库"。

盘古大陆

　　中生代开始时，全世界的大陆是连在一起的，这块超级大陆被称为盘古大陆。随着地质运动的进行，盘古大陆先分成南北两片，然后北片进一步分为北美和欧亚大陆，南片分为南美、非洲、印度、澳洲和南极洲等。那时的澳洲和南极洲是有陆地相连的。

极地恐龙

　　极地出土恐龙让很多人觉得不可思议。其实，了解盘古大陆后就恍然大悟了。以南极为例，在很长一段时间内，澳大利亚和南极大陆是相连的，恐龙随着食物或者群体迁徙时，就会跑到南极去了。

月谷

　　虽说全世界都曾有恐龙分布，但比较而言，亚洲和美洲发现得更多，阿根廷有一个被称为"月谷"的不毛之地，出土了众多形状奇特的恐龙，比如生活于中生代早期的始盗龙、世界上最大的恐龙之一阿根廷龙等。

一个繁华的时代

　　中生代是恐龙称王称霸的时代，确切地说，是属于爬行动物的时代。与恐龙一起处在食物链顶端的，还有海里的鱼龙和空中的翼龙。此外，龟、鳄类、蜥蜴与蛇也得到了蓬勃的发展。

　　中生代开始时，超级大陆——盘古大陆被泛大洋包围着，其中活跃着大量无脊椎动物，包括水母、珊瑚、菊石、牡蛎、海胆、海百合以及龙虾等，同时还有各种鱼和爬行动物。食物链底层的生物繁衍旺盛，食物链上层的生物由于食物充足，因而不断演化，成就了中生代灿烂的海洋生命。

　　到了白垩纪，随着地质运动的进行，大陆被海洋分开，气候更加温暖，即使南北极也没有冰川，许多大陆泡在温暖的浅水中，加上大部分地区雨量充沛，为生命大爆发营造了极佳环境。地球上第一株开花植物诞生了，鸟类和哺乳类也开始了多元化发展……

被子植物

如今常见的很多植物，如悬铃木、樟树、栎树、榉树、杨树等，也在白垩纪早期出现了，并在白垩纪晚期繁荣，最终替代蕨类和裸子植物，成为地球陆生植物的统治者。植物的多样化发展，为动物的演化提供了坚实的基础。

古巨龟

古巨龟是白垩纪晚期北美海洋中的巨型海龟，属于爬行动物王国中的大将。它的背甲直径有 4 米，咬合力非常强大。和今天的海龟一样，古巨龟也在沙滩上产卵，这些卵可能成为兽脚类恐龙的点心。

鳄类

鳄类是忍辱负重的典型，它们和恐龙在水边共存，既可以大口吃下恐龙遗弃的腐烂发臭的尸体，也可以几个月不进食，在遭遇攻击时还能够钻入水中。

飞来横祸

　　白垩纪繁荣又平稳的生活延续了约 8000 万年，却遭遇飞来横祸。如今，大批恐龙、菊石默默躺在 6500 万年前的地层中。那么，到底发生了什么呢？

　　经过多年研究，一个较为成熟的结论是：大约 6500 万年前，一颗直径约 10 千米的陨石（另说小行星）撞击了地球，由此产生的尘埃遮天蔽日，期间气温急速下降，让绝大多数动植物都无法应对；植物不能正常生长，导致动物几乎都没有了食物；强烈的射线以及你死我活的残酷竞争加深了危机。那位天外来客，一手制造了第五次生物大灭绝，摧毁了当时地球上 75% 以上的生灵。

希克苏鲁伯陨石坑

在墨西哥尤卡坦半岛上，科学家发现了一个直径达 170 千米的世界最大陨石坑。经分析，确认它是由白垩纪末期一块直径约 10 千米的陨石撞击地球产生的。这次撞击瞬间释放了巨大的能量，严重摧毁了当时整个地球的生态环境。多数科学家相信，白垩纪末期生物大灭绝，就是这一撞击造成的。

K-Pg 界线

在白垩纪与古近纪的地层之间，有一层富含铱的黏土层，名为 K-Pg 界线。这样高浓度的铱，通常在天外陨石中才能找到。发掘显示，恐龙化石仅发现于 K-Pg 界线下层，这也表明，天外来客造成了恐龙的迅速灭绝。

连环撞击

20 世纪 90 年代以来，科学家在英国、乌克兰、印度洋等地找到了更多与希克苏鲁伯陨石坑同时代的陨石坑，引发了进一步猜测：当时，可能有多个小行星碰撞，多块大碎片对地球形成了连环撞击，从而引发了全球灾难。

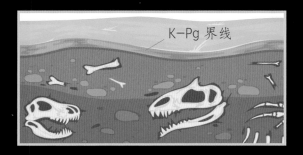

K-Pg 界线

动动蛙笔记 ▶ 演化和更替

很多恐龙在白垩纪大灭绝之前早已退出了历史舞台，比如我们熟悉的剑龙、凶猛的异特龙等，都是侏罗纪时期的恐龙，它们的消亡属于自然的演化和更替。

灭绝大竞猜

　　虽然大多数科学家认为，来自陨石或者小行星的撞击是白垩纪地球灾难的元凶，但这一说法并非完美。因为撞击而形成的陨石坑中应该伴有许多沉积物，如同随葬品一样，但事实并非如此。所以，也有其他猜想试图来解释这次生物大灭绝。

　　一是地壳运动说。中生代末期，地壳运动再次活跃，低地和沼泽隆起形成山脉和高地，还引起了剧烈的火山爆发。比如在印度的德干高原，就有非常严重的火山活动。火山爆发又引发系列反应，致使生物大量死亡。

　　二是气温下降说。当时，大陆板块向极地慢慢靠近，形成了大陆冰河。因而，大部分阳光被冰面反射掉了，气候越来越冷。对于恐龙来说，寒冷就意味着死亡。化石也表明，不仅恐龙，其他赤道地区的动物也受到极大的伤害。

　　其他还有基因突变说、竞争失败说、食物中毒说，等等。地球上的生物大灭绝多达 5 次，白垩纪的这次并不是最致命的，但因涉及恐龙，自然受到了最多的关注和研究。

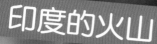

印度的火山

连陨石撞击说的支持者也认同，恐龙的灭绝与当时印度德干高原等地的火山爆发有关，甚至，尤卡坦半岛的陨石撞击和德干高原的火山爆发之间有因果关系。若看下地球仪，会发现德干高原差不多就在尤卡坦半岛的背面，当陨石撞击尤卡坦半岛后，产生的巨大冲击波传递至其背面，引发火山爆发。

15

陆升海退

看视频，寻找灭绝原因。

地球会有周期性的海面下降或陆地上升，由此造成部分海洋让位给大陆的现象，这就是海退。当海退发生时，原先丰富的海洋生物灭绝，并危及食物链上游的动物。同时，海退也会引起气候变化，最终影响到生态系统。

一颗石头你也扛不住啊？

你运气好，躲过了这场大难。

重生源于死亡

其实，恐龙灭绝并非偶然。从有生命开始，灭绝就从没停止过，可以说，物种的灭绝是演化过程中的必然阶段。灭绝后出现的空缺，将有新的物种来取代。这样，生物才会不断进化和发展。

承前启后的埃迪卡拉生物

6 亿年前，有一类生物既不像动物，也不像植物，根据发现地的名称被称为埃迪卡拉生物群。它们没有骨骼，只有柔软的躯体，曾经发展到相当大的规模。但当拥有爪、螯等坚硬武器的动物出现后，它们的好日子就到头了，很快成了新生动物的美味佳肴，后者则在盛宴中继续向前演化。这类生物就属于承前启后的种群，它们的灭绝跟环境急剧恶化造成的大灭绝有着根本的不同。

当然，恐龙和大批白垩纪动物的灭绝虽是环境驱动，但结果殊途同归。那些历经磨难活下来的动物，必然也都是"狠角色"。

活得久才是王道。

处变不惊的两栖动物

证据显示，起源于 3 亿多年前古生代晚期的两栖动物，基本上躲过了白垩纪的大灭绝事件。最主要的原因，可能是两栖动物的栖息环境特别有利，它们要么藏在水中，要么躲在泥里，或者干脆缩在洞穴中，陆地表面和空中发生的灾难对它们的影响不大。

小个子的哺乳动物

也许是恐龙太过强大，白垩纪末期的哺乳动物仍然没有长大，它们几乎都是小老鼠的个子，大的也只有猫那么大。其中不少会挖洞，或者半水生，苟活的方式使它们也逃过了大劫难。

换了"马甲"的恐龙

科学家认为，鸟类是从恐龙演化而来的，鸟类的直系祖先应该是包括窃蛋龙在内的手盗龙类。从这个意义上来说，恐龙并没有灭绝，它们只是换了件"马甲"，重出江湖。

我先睡一千年再说。

奥陶纪大灭绝

在地球漫长的历史中，发生过许多次生物大灭绝事件，其中规模较大的有5次，分别发生在奥陶纪、泥盆纪、二叠纪、三叠纪－侏罗纪和白垩纪－古近纪，最后一次大灭绝致使恐龙消失。虽然每次大灭绝各有其原因，但都摧毁了当时地球上的生物多样性。

在约4.4亿年前的奥陶纪早、中期，海洋无脊椎动物空前繁盛，脊椎动物也初露雏形，地球上一片欣欣向荣。但到了晚期，气温骤降，冰川活动加剧，海平面下降明显，大量浅海消失。于是，食物链断裂，大批物种难以为继，最终，85%的物种被消灭，这就是第一次生物大灭绝。

伽马射线

有种理论认为，这是当时外太空一颗中子星与黑洞相撞的恶果。撞击产生的伽马射线暴摧毁了1/3的臭氧层，使强烈的紫外线穿透大气层，杀死了大量浮游生物和浅海中的大批生物。而且，射线造成的有毒气体遮天蔽日，导致温度急剧下降。于是，冰期来临，大量物种走向灭亡。

伽马射线（γ射线）是电磁波的一种，具有极强的穿透力和杀伤力。医学上的伽马刀，就是使用钴－60产生的伽马射线，对病灶聚焦照射，进行治疗。

直壳鹦鹉螺

奥陶纪海洋中的顶级掠食者是直壳鹦鹉螺，体长可达10米，而且游速极快。这样的庞然大物，居然奇迹般地活了下来，这还真得感谢海洋的庇护。不过，它的基因也发生突变，使得体形缩小至约2米。

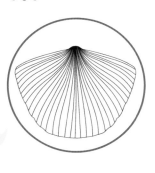

三叶虫

虽然三叶虫在本次灾难中遭受了重创，但借助于海洋的庇护以及自身的种类繁多和分布广泛，仍然逃过一劫，并一直繁盛到古生代结束。

为什么这么倒霉的事情被你躲过了？

因为我的老祖宗要到1亿年后的泥盆纪晚期才出现呢。

泥盆纪大灭绝

奥陶纪大灭绝后，地球进入了泥盆纪。经过长期的休养生息，气候逐渐稳定，物种也适应了新环境，地球重新绽放活力。

陆地上，蕨类植物大量繁衍，形成森林；昆虫初现，但陆生动物未成气候。海洋中，无脊椎动物得到大发展，脊椎动物的鱼类获得大繁荣，盾皮鱼成为海洋中新的主宰。但好景不长，地球再次遭遇危机。这一次，包括盾皮鱼在内的约80%的物种永久留在了泥盆纪。

超级火山大爆发

关于这次大灭绝的原因，众说纷纭，火山爆发是一种猜测，海水缺氧是另一种假说，而小行星撞击始终是热门说法。其中，由超级火山大爆发带来的生态灾难受到较多的支持。

火山大爆发，使得地球不断升温，海洋生物和陆地植物大量死亡。随着空中尘埃的堆积，阳光最终无法穿越，地球又开始急速降温。这种"打摆子"般的折腾，终于击倒了大量物种，构成了第二次生物大灭绝。

陆生植物的影响

植物在陆地繁盛之后，光合作用消耗了空气中大量的二氧化碳。温室气体的减少势必造成气温的下降，这也是泥盆纪气候变化的一个可能。

浅海生物的灭绝

地球气候的升温—降温，对于浅海生物的打击是致命的，底栖固着生物如苔藓虫、泥盆纪类型珊瑚等，几乎全部遇难，其他海洋生物如竹节石、三叶虫和贝类，也遭受重创。

鱼类时代来临

泥盆纪是鱼类的大发展时期。虽然盾皮鱼等鱼类在大灭绝中遭了殃，但从泥盆纪中期就出现的硬骨鱼却顽强地存活下来，并在随后迅速占领各种水域。

二叠纪大灭绝

　　古生代真是个灾难深重的时代。奥陶纪和泥盆纪两次大灭绝之后，又在2.5亿年前的二叠纪发生了地球历史上最大的一次生物灭绝，95%以上的动植物遭遇灭顶之灾，整个海陆生物系统几乎全线崩溃。

　　二叠纪时期，地质运动更加活跃，大陆板块的相对运动加剧，盘古大陆逐渐形成，同时缔造了很多山脉。在这样的环境中，森林茂密，物种丰富，两栖动物、爬行动物和哺乳动物的祖先都悠然自得地演化着。

　　但板块运动也带来了一系列不利后果：首先是浅海面积大幅减少，使大量海洋生物失去家园；其次是地球两极出现冰盖，将阳光大量反射，造成气温持续下降；再就是火山爆发带来火山灰，引发了严重后果。所以，虽然造成二叠纪巨大灾难的直接原因还不确定，但科学家认为，很可能是诸多因素"合力"造成了这次空前的大灭绝。

三叶虫扛不住了

　　顽强挺过古生代两次大灾难的三叶虫终于"扛不住"了，它们和大量棘皮动物一起，退出了历史舞台。三叶虫的消失也成为了古生代结束的标志。

昆虫时代

可能是因为植被环境太好了，昆虫自石炭纪开始繁盛，到了二叠纪已经成为生态系统中的重要角色。鞘翅目的甲虫、双翅目的蝇类等到处皆是，天空中甚至有展翅达 70 厘米的巨型蜻蜓。

大陆中的沙漠

盘古大陆形成后，来自海上的雾气和雨水难以深入内陆，久而久之，那些地方就变成了炎热的沙漠，无法适应当地气候环境的生物也就逐渐灭绝了。

自然瞭望台

恐龙来了

这一次大灭绝把地球的陆地和海洋做了一次较为彻底的大清洗，为恐龙等爬行动物登上历史舞台扫清了障碍。很快，地球将迎来新的统治者。

三叠纪
－ 侏罗纪大灭绝

二叠纪末期大灭绝，开启了三叠纪的新纪元；5000万年后，三叠纪末期又要面临第四次大灭绝，这次灾难后将迎来侏罗纪时代。

三叠纪开始时，地球上一片废墟，然而，新的生命不久开始涌现。海洋中会游泳的甲壳类动物成为了主力，陆地上银杏和松柏类植物迅速繁衍。三叠纪晚期的天空中出现了翼龙，海洋里出现了鱼龙、长颈龙等，原始的蛙、龟和哺乳动物都已出现，未来的恐龙大佬——始盗龙、腔骨龙等，也已崭露头角。

三叠纪末期的大灭绝，极可能源于盘古大陆的分离。剧烈的地质运动，必然带来大规模的火山爆发，全球性的大降温也随后到来。大灭绝导致50%以上的物种消失，海洋爬行动物中，只有鱼龙逃过一劫；两栖动物、陆上占据优势的一些爬行动物、似哺乳动物几乎全军覆没，仅有少数苟延残喘。

三叠纪之名

三叠纪时气候炎热干燥，留下了很多红色岩石。在中欧，红色岩层常被白色石灰岩和黑色页岩夹在中间，组成了叠在一起的三个岩层，科学家就此为它起名三叠纪。

会喷火的地球

在地球平静的外表下，蕴藏着巨大的能量，使局部地区发生熔融，产生岩浆。在地质运动的作用下，岩浆从地球表层的薄弱环节喷出地表，这就是火山喷发。

倒霉的鳄类

鳄类在三叠纪获得了极高的江湖地位，不但种类繁多，达到近百种，而且形态各异，宛如后来的恐龙，占据了陆地和水域的广大空间。在气温大降后，鳄类也损失惨重，仅有少数种类忍辱负重，熬到了中生代。

来看看视频，回顾一下五次生物大灭绝吧。

动动蛙笔记 ▶

所有的生物大灭绝都与环境温度的急剧下降有关，但究竟是什么原因引起气温骤降，则众说纷纭。

从暴击中活下来的勇士

恐龙在经历了侏罗纪、白垩纪的繁荣后，终于在白垩纪末的第五次大灭绝中消亡了。梳理地球的五次生物大灭绝后，可以发现，虽然每次大灾难都消灭了至少一半的物种，甚至二叠纪末期有多达 95% 以上的物种灭绝了，但仍有小部分脱险，活了下来，包括水母、海绵、海百合、珊瑚等，它们是地球史上的勇士。

如果为幸存的勇士们画张像，我们可以找到它们的一些共同点：小型、水生或者穴居，对食物要求低。正是这些特点使它们能够在险恶的环境中苟活。

鹦鹉螺

鹦鹉螺曾在奥陶纪海洋中大量生存，有的身长 10 米以上，以三叶虫等小型生物为食。在底层生物几乎灭绝后，少数鹦鹉螺借助海洋掩护和基因突变，用缩小身体、掰弯外壳的方法逃出生天。它们繁衍至今，但种类已大大减少。

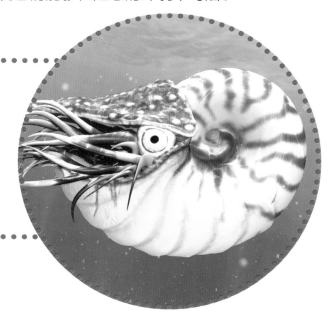

鲎

　　鲎是一类古老的海洋无脊椎动物，最早生活在奥陶纪浅海中，以底栖动物的尸体为食。它们与世无争，躲过了五次生物大灭绝及其他灾难。更难得的是，现在的鲎还保留着奥陶纪时的相貌，真是难得的"活化石"。

灭绝的史前鳄类

顽强的水熊虫

　　无论哪种生境，都有水熊虫存在。它们的身体是微米级别的，最大只有 1 毫米，我们凭肉眼难以看到。水熊虫在寒武纪就有，经历无数地球灾难，始终得以存续。重要原因是它们有特别的休眠功能，能在低温和缺氧时休眠。

　　水熊虫的生命力如此之强，早已成为科学家研究生存原理的重要实验材料。研究发现，水熊虫甚至能在外太空环境中存活。

自然瞭望台　古今不同

　　几乎所有亿万年前就出现的生物，即使延续至今，其后代也早已演化得和它们的"化石前辈"大大不同了，比如珊瑚、鳄类等。但只要这种生物有代表活着，就算是保留了"门户"。事实上，经过亿万年演化，这些躲过一次次灾难的生物早已都换了新"马甲"，以新的面目存活于世。

新生代的新主角

中生代随着白垩纪末的生物大灭绝而终结，陆海空的霸主们——恐龙、沧龙和翼龙，连同当时 75% 以上的物种集体退出了地球大舞台。

当时的哺乳动物其实也灭绝了 90%，但幸存的哺乳动物抓住了机会，呈现出爆发式发展。在新生代初短短 1000 万年内，各种哺乳动物已填补了恐龙灭绝后留下的生态缺口。如今，地球上的胎盘哺乳动物接近 5000 种。

恐龙的后裔鸟类也大多夭折，仅有今鸟类逃过一劫，其中少量地栖种的祖先在地面生活，有些还能潜水、游泳，或者躲进洞中。待到地面重现植物，这些苟活的鸟类就继续演化，因为翼龙们已经没了，天高任鸟飞！

就这样，恐龙和它的亲戚们留下的空白，基本都让新生代迅速发展的哺乳动物和鸟类填满了。

大灭绝后发生了什么？来看看视频吧。

"忍者"鳄

在毁灭性打击面前，大个子的鳄类却好好地活了下来，原因是鳄类一直不缺食物。它们不但吃尸体，而且吃饱后还能钻入泥土或水中，长时间不再行动。

哺乳动物祖宗

中华侏罗兽是已知最古老的胎盘哺乳动物，生活于大约 1.6 亿年前的侏罗纪。由于与恐龙同时生存，哺乳动物始终谨小慎微地演化着，身体只有像鼩鼱一般大小。

自然瞭望台

被忽视的预言

19 世纪中叶，英国博物学家托马斯·赫胥黎发现，兽脚类恐龙美颌龙和已知最早鸟类——始祖鸟的后腿形状相同，因此他提出鸟类由恐龙演化而来的理论，但一直被忽视，直到 20 世纪 70 年代，这一理论才被重新重视。

大灭绝的反思

°F °C

　　中生代的统治者恐龙早已灭绝，最近一次生物大灭绝距今也已经有 6000 多万年了。如今，人类作为地球的统治者，是否考虑过恐龙曾经面临的灾难，会不会降临到我们人类的头上呢？

　　事实上，即使没有小行星的撞击，人类也离灾难越来越近。如今每天有多达 150 个物种从地球上消失，比没有人类影响下的灭绝速度快了百倍，而环境恶化是主要原因。2023 年，地球经历了有记录以来最热的天气。联合国预计，到 2050 年，海平面将上升 50 厘米。如果不采取断然措施，那么第六次生物大灭绝就会有可能不期而至。

哺乳类的天然优势

  哺乳动物能够接管恐龙后的地球，源于身体上的优势。它们有保温隔热的毛皮及脂肪，能调节体温，抵御寒流；有蒸发汗水的腺体，通过出汗来度过热浪侵袭；更有发达的大脑皮层和完善的摄食器官；而胎生的方式对后代也有很好的保护作用。

碳减排

  人类已经对环境保护有了认识，不仅提出"野生动物是人类的朋友"，还把许多保护措施付诸于法律。比如 2016 年，近 200 个国家和组织签署了《巴黎协定》，约定共同努力，通过大幅减少温室气体排放，将本世纪全球气温升幅控制在 2℃ 以内。而中国也作出承诺，将采取更有力的措施，使二氧化碳排放在 2030 年前达到峰值，2060 年前实现碳中和。

保护环境，蛙蛙有责。

动动蛙笔记 ▶ 碳排放失控

  如果不控制温室气体的排放，全球升温后，将导致冰川融化、海平面上升，干旱增多、粮食和淡水减少……极端气候将让我们每个人不得安宁。

白垩纪灭绝动物秀

暴龙

又称霸王龙，史上最大的陆地捕食者之一，体长可达 12 米，主要分布在北美洲。

三角龙

一类像犀牛的草食性恐龙，外形笨拙，头上有三个角，多分布在北美洲。

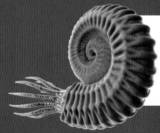

菊石

一类海洋软体动物，壳体、壳形变化多样，体长从几毫米到 2 米以上，世界各地的海洋中均有分布。

蛇颈龙

一类海洋爬行动物，有着长而灵活的脖子和锋利的牙齿，身长可达 12 米，遍布在世界各地的海洋中。

风神翼龙

已知的最大飞行动物，翼展可超过11米，有时以幼小的恐龙为食。

阿根廷龙

已发现的最大的陆地恐龙之一，以食草为主，体长约40米，在阿根廷被发现，由此得名。

鸭嘴龙

一类植食类恐龙，喙吻部又宽又扁像鸭嘴，全长10米左右，牙齿数量极多，可达2000多个。

恐鳄

史上最大型的鳄类之一，体长达10米以上，会以小型恐龙为食，生存在北美洲的东部海岸。

沧龙

一类海洋爬行动物，牙齿尖利，性情凶猛，身躯庞大，是白垩纪晚期海洋中的王中王。